# BIM 应用决策指南 20 讲

何关培  著

中国建筑工业出版社

**图书在版编目（CIP）数据**

BIM 应用决策指南 20 讲/何关培著. —北京：中国
建筑工业出版社，2016.9

ISBN 978-7-112-19523-7

Ⅰ.①B… Ⅱ.①何… Ⅲ.①建筑设计-计算机辅助
设计-应用软件 Ⅳ.①TU201.4

中国版本图书馆 CIP 数据核字（2016）第 139051 号

# BIM 应用决策指南 20 讲

何关培 著

\*

中国建筑工业出版社出版、发行（北京西郊百万庄）

各地新华书店、建筑书店经销

唐山龙达图文制作有限公司制版

北京建筑工业印刷厂印刷

\*

开本：850×1168 毫米 1/32 印张：2⅝ 字数：47 千字

2016 年 8 月第一版 2018 年 5 月第二次印刷

定价：**18.00** 元

ISBN 978-7-112-19523-7

（29032）

本书是作者及其团队对企业 BIM 应用决策这个没有标准答案但又无法回避的实际问题中若干关键因素的认识和实践，全书共分为 20 讲，包括如何理解和认识 BIM 调研报告、企业 BIM 有关决策的两个最大风险、企业开展 BIM 应用的第一个目标、BIM 硬件环境建立关键因素、对 BIM 团队采取什么样的培训方式比较有效、如何确定用 BIM 做什么、应该如何评估 BIM 应用效益等，内容精简，具有较强的实用性，可帮助企业在进行 BIM 应用决策的过程中不走错路、少走弯路、减少时间和资源投入。本书可供工程建设企业和项目决策管理者参考使用。

责任编辑：范业庶　王砾瑶
责任设计：李志立
责任校对：陈晶晶　姜小莲

# 前言：给企业 BIM 应用决策者的参考建议

随着住房城乡建设部《关于推进建筑信息模型应用的指导意见》（建质函〔2015〕159号）等中央和地方政府各类推广 BIM 应用政策文件的发布，以及市场对 BIM 应用需求的进一步扩大，相信越来越多的企业需要考虑和决策应该如何开展 BIM 应用的问题。

如果我们把 BIM 和目前已经普及使用的 CAD 技术进行比较的话，我们会发现 CAD 基本上是一个软件的事情，而 BIM 不仅仅是一个软件的事；CAD 基本上只是换了一个工具，而 BIM 不是仅仅换一个工具的事；CAD 更多地表现为使用者个人的事，而 BIM 不仅仅是一个人的事。

BIM 的上述特点决定了 BIM 对建筑业的影响和价值将会远比三十年前的 CAD 来得更为广泛和深远，同时也决定了学习掌握和推广普及 BIM 所需要付出的努力和可能遇到的困难要远比 CAD 来得多和来得大。CAD 的推广普及可以通过一本所用软件的操作手册来实现，而 BIM 的应用实施则不太可能仅仅通过一本软件操作手册和安排人学习软件来完成。

根据过去十年左右时间的研究实践大家认识到，从企业层面开展 BIM 应用是一个投入资源比较大、投入时间比较长，而效益不容易定量统计、效益不容易简单获取的过程，从了解 BIM、制定规划、派人学习、试点项目到获得回报、总结提高、全面普及都需要有合理的计划和落地的执行。计划和执行得好这个过程就有可能缩短，得到比较好的投入产出比；反之就可能会多走弯路，导致效益不佳甚至损失，以致最终整个计划推倒重来。

国内企业在前面十多年的 BIM 应用过程中碰到过各种各样的问题，比较典型的大概有这么几类：第一类是派几位没有多少工作经验的员工出去学习软件操作，回来以后成立 BIM 团队，结果发现用不起来或者没有什么效益；第二类是花了几年时间使用某一个软件甚至投入人力物力进行定制开发后，发现无法满足企业内外需求，只好更换软件重新来过；第三类是一开始就要求全员普及并配备相应软硬件及其他措施，结果不到一年就不得不回到原先部分员工进行探索应用的状态；第四类是投资委托咨询机构等第三方进行 BIM 应用甚至获奖，结果是企业员工和团队自身的 BIM 应用能力没有得到任何提升，下一个项目还是不会做。

上述第一类现象基本上是受企业自身当年普及 CAD 经验的影响，虽然 BIM 和 CAD 都是一种建筑业信息技术，但如前文所述两者有很大的不同；第二类和第三类现象基本上是受软件厂商的影响，确定软件和应用规模的时候没有综合考虑各种因素如客户需求和技术成熟度问题等；第四类基本上是受 BIM 咨询机构影响，误认为看着别人用也能学会。

通过上面的文字以及企业自身的各种 BIM 应用经历，我们相信大部分企业 BIM 应用决策和管理人员都会同意企业 BIM 应用决策不是一件简单的事情，没有现成的公式可以套用，没有系统的理论可以推断，也没有合适的模子可以照搬，只能由企业 BIM 应用决策团队根据政策导向、市场竞争、企业现状、企业业务发展需要以及 BIM 技术应用发展情况等因素综合考虑来做决定。

企业 BIM 应用决策需要涉及的因素很多，其中有些因素是主要矛盾，有些因素是次要矛盾；有些因素有明确的答案，有些因素没有明确的答案；有些因素企业能控制，有些因素企业没法控制。在这里作者选择本人及团队对企业 BIM 应用决策这个没有标准答案但又无法回避的实际问题中若干关键因素的认识和实践，组织成 20 篇规模的文字，希望在越来越多企业真正开始 BIM 应用决策的当口，这批文字能够帮助这些企业在进行 BIM 应用决策的过程中不走错路、少走弯路、减少时间和资源投入、做出符合企业发展需要的 BIM 应用决策。

# 目　　录

# 第 1 讲　应该如何理解和认识不同 BIM 调研报告的统计分析结果

　　作为企业 BIM 应用的决策人或负责人，不管主动还是被动都会看到各种 BIM 应用市场调研报告，这些报告数据经常会被 BIM 软件厂商或服务机构用来作为宣传的依据，也会被企业 BIM 负责人用于说服企业决策层和管理层。这件事情本身并没有问题，因为市场调研报告的作用和价值就是辅助决策，问题在于，作为企业 BIM 应用决策者，究竟应该如何理解和认识这些报告里面的统计分析结果，从而把一个准确的市场信息传递给企业决策层，进而为企业做出合适的 BIM 应用决策呢？我们认为，只要认识到和做到以下四条就可以八九不离十了：

　　（1）不能只看一个来源的市场调研报告，要综合分析几种不同来源和出处的统计数据。原因很简单，其一是每一个来源都有其局限性，其二屁股指挥脑袋这个原理适用于所有机构和个人。

　　（2）一个报告的统计分析结果取决于问题设置和样本选取（包括企业和具体被访人）两个主要因素，抛开一切人为的不公正和不诚实因素，我们看到的所有报告的结果只是"样本"的结果，而不是真正市场的结果。因此正确的报告解读方法是把报告里面所有"有百分之多少的企业应用 BIM"之类的图表和描述一律置换成"有百分之多少的样本应用 BIM"，只要做到这一点就掌握了正确理解和认识市场调研数据的关键。

（3）在问题设置、样本代表性和覆盖性、访谈者和被访者个人能力态度等一系列因素都合理的情形下，统计分析结果可以用来推断甚至无限逼近实际情况。

（4）看完统计报告后用常识和自己的经验知识去判断每一份报告统计数据的合理性、适用性和局限性。

有了上面的说明，我们再一起来看看两份有关国内施工企业 BIM 应用方面的市场调研报告。

## 1. 两份报告的基本情况

"报告 1"是中国建筑业协会工程建设质量管理分会主导的 2013～2015 年连续三年的施工企业 BIM 应用研究报告，受访者个人固定为企业技术质量方面的从业人员，统计时间都在每年的年中，具体数据如图 1 所示。其中 2013～2015 年每年的样本数量分别为 863、886 和 783 份，统计图里面的数据前一个为样本数量，后一个为占总样本的百分比，例如 2013 年企业性质的央企数据"291，35％"表示央企样本数量 291 份，占总样本 35％。

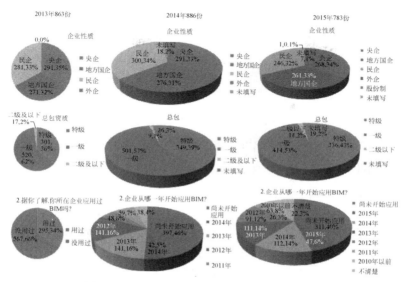

图 1　中国建筑业协会工程建设质量管理分会
2013～2015 年施工企业 BIM 应用调研结果

从图 1 的统计数据可以得到如下信息：

（1）样本企业性质，央企、地方国企和民企各占 1/3 左右。

（2）样本主要为特级和一级企业，两者之和占 95％以上，因此该统计数据只能对特级和一级施工企业有一定参考意义，对二级及以下的施工企业基本没有参考意义。

（3）到 2015 年仍然有 40％样本代表的企业还没开始使用 BIM，这个数字 2013 和 2014 年分别为 66％和46％，也就是说相比 2013 年中～2014 年中期间，2014～2015 年中期间使用 BIM 的样本数量增幅放缓

(英国 NBS BIM Report 的统计数据表明英国 2012～2014 年每年使用 BIM 的企业比例为 39%、54% 和 48%，如果同年数据相比 2013～2014 年国内特级和一级施工企业使用 BIM 的比例为 34% 和 54%——对应于英国所有类型企业的 54% 和 48%）。

“报告 2”是 Dodge Data Analytics 2015 年初发布的《中国 BIM 应用价值研究报告》，其封面和样本情况如图 2 所示，其中 144 份样本来自施工企业，报告对这些企业的性质和资质没有说明。

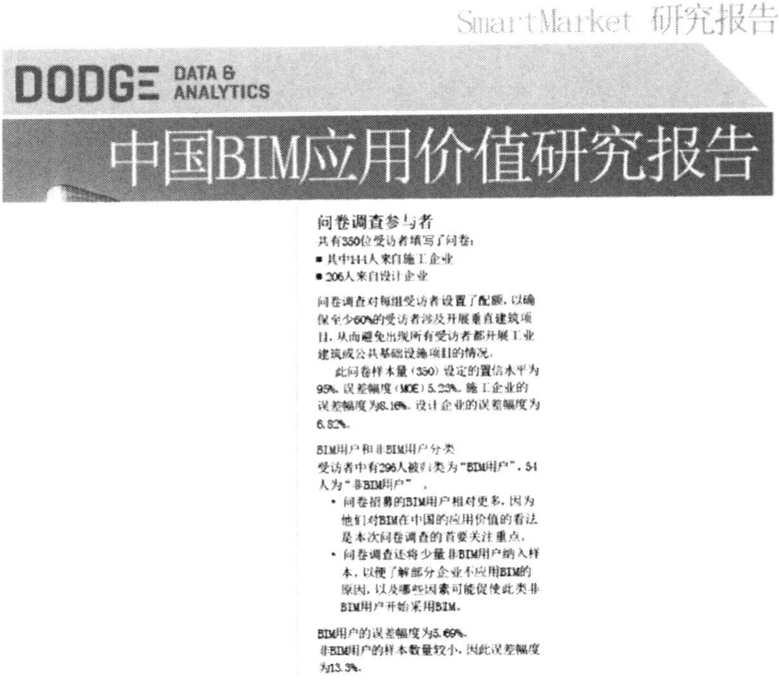
SmartMarket 研究报告

DODGE DATA & ANALYTICS

中国BIM应用价值研究报告

问卷调查参与者

共有350位受访者填写了问卷：

- 其中144人来自施工企业
- 206人来自设计企业

问卷调查对每组受访者设置了配额，以确保至少60%的受访者涉及开展垂直建筑项目，从而避免出现所有受访者都开展工业建筑或公共基础设施项目的情况。

此问卷样本量（350）设定的置信水平为95%，误差幅度（MOE）5.23%。施工企业的误差幅度为8.16%，设计企业的误差幅度为6.82%。

BIM用户和非BIM用户分类

受访者中有296人被归类为“BIM用户”，54人为“非BIM用户”。

- 问卷招募的BIM用户相对更多，因为他们对BIM在中国的应用价值的看法是本次问卷调查的首要关注重点。
- 问卷调查还将少量非BIM用户纳入样本，以便了解部分企业不应用BIM的原因，以及哪些因素可能促使此类非BIM用户开始采用BIM。

BIM用户的误差幅度为5.69%。

非BIM用户的样本数量较小，因此误差幅度为13.3%。

图 2　Dodge Data Analytics《中国 BIM 应用价值研究报告》封面

# 2. 两份报告关于国内施工企业 BIM 应用程度的数据

两份报告的国内施工企业 BIM 普及应用程度统计结果如图 3 所示。

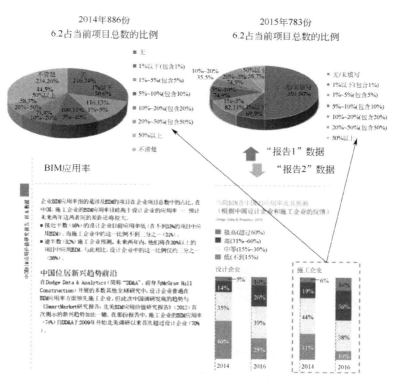

图 3　两份报告中国施工企业 BIM 应用普及程度统计结果

两份报告的统计口径不完全一样，我们找一些可以比较的数据如下：

（1）"报告1"20％以上项目使用 BIM 的特级和一级施工企业样本的比例为 2014 年 12％、2015 年 16％；"报告2"：31％以上项目使用 BIM 的施工企业样本（不清楚样本特级、一级、二级及其他资质的分布情况）比例为 2014 年 25％，推测预计 2016 年为 52％。

（2）"报告1"：5％～20％项目使用 BIM 的特一级施工企业样本的比例为 2014 年 19％、2015 年 14％；"报告2"15％～30％项目使用 BIM 的施工企业样本比例 2014 年 44％，推测预计 2016 年为 38％。

（3）上述两项比较数据"报告1"的门槛和口径都比"报告2"低和宽，但统计结果"报告2"都比"报告1"高。

（4）"报告1"2014 和 2015 两年都有 50％的样本对 BIM 应用开展程度选择"未填写/不清楚"；"报告2"无此选项。

## 3. 两份报告关于国内施工企业 BIM 应用效益的统计结果

两份报告关于国内施工企业 BIM 应用效益或投资回报率的统计结果如图 4 所示。

"报告1"的 BIM 应用效益统计结果仍然针对施工企业，但"报告2"关于 BIM 应用投资回报率的统计数据是基于所有 350 份样本的（其中施工 144 份，设计

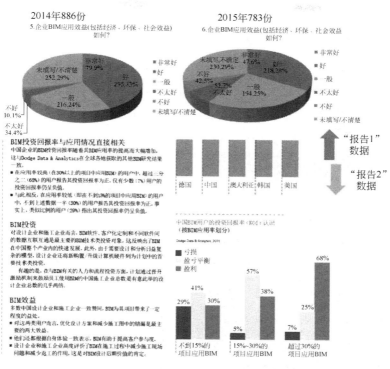

图 4　两份报告国内施工企业 BIM 应用效益统计结果

206 份)，"报告 1"的选项分为"非常好、好、一般、不太好、不好、未填写/不清楚"6 项，"报告 2"的选项分为"亏损、盈亏平衡、盈利"三项，为了便于比较，我们把"报告 1"的"非常好、好"两项对应于"报告 2"的"盈利"，"一般"对应于"盈亏平衡"，"不太好、不好"对应于"亏损"，这样可以得到如下几个比较结果：

（1）"报告 1"BIM 应用效益非常好、好的特一级

7

施工企业样本比例为 2014 年 42％、2015 年 34％，2015
年比 2014 年有所下降；"报告 2" BIM 应用投资回报率
为盈利的所有设计施工企业样本比例根据应用程度不同
依次为 30％、38％、68％。

（2）"报告 1" BIM 应用效益一般的比例为 2014 年
24％、2015 年 25％；"报告 2" 对应 BIM 投资回报率盈
亏平衡的比例的 41％、57％、25％。

（3）"报告 1" BIM 应用效益不太好、不好的比例
为 2014 年 5％、2015 年 12％；"报告 2" 对应 BIM 投资
回报率亏损的比例的 29％、5％、7％。

（4）"报告 1" 2014 和 2015 两年都有 29％的样本对
BIM 应用效益选择"未填写/不清楚"；"报告 2" 无此
选项。

有了上面的分析，我们相信从现在开始，企业 BIM
应用决策人员对各种 BIM 应用市场调研报告的统计结
果都应该有自己更准确和完整的理解和认识了吧。

# 第 2 讲 企业 BIM 有关决策 两个最大的风险是什么

所有决策都会有风险，这是常识。企业在跟 BIM 有关问题上的决策也存在各种形式不同、大小不一的风险，其中最大的风险有两个。

最大风险 1：对待 BIM 最大的风险是不理 BIM。这类决策典型的想法和做法是等 BIM 成熟了、其他企业用好了以后再开始用，不费自己摸索的力气，不冒自己走弯路的风险。殊不知这种做法对企业而言恰恰是一种风险最大的做法。因为其一，已经有一定数量的项目对 BIM 应用有要求了，对这样的项目企业会失去竞争机会；其二，成熟靠实践，同样的技术不同的企业和团队使用会产生完全不同的效果，对一个企业而言成熟的技术和方法对另一个企业而言就未必；其三，随着市场发展 BIM 会逐渐从少数项目的特殊要求变成一定区域、领域和类型项目的准入门槛，企业失去的机会就会越来越多。因此，事实上对企业而言，不存在等其他企业用好了以后自己再用这样一条路。

最大风险2：应用 BIM 最大的风险是过早大投入。这类决策典型的现象包括一开始就配备较大数量的 BIM 软硬件、一开始就要求所有项目所有人员都使用 BIM 等。企业开展 BIM 应用肯定需要投入，而且在企业 BIM 普及应用过程中的一段时间内根据需要可能这个投入会越来越大，这些都是正常的现象。真正的风险在于企业在没有摸清情况以前一开始就在 BIM 应用上大投入，这种做法最终效益不好的概率非常大，因为无论是从 BIM 技术本身还是就企业的应用情况而言，要把 BIM 变成企业的有效生产力都需要一个过程，着急不得。在这方面的具体分析可以参考作者 2015 年 1 月 24 日发表的博文《企业 BIM 应用决策管理层面的真正风险只有一个——过早大投入》（文章地址：http：//blog. sina. com. cn/s/blog_620be62e0102vwr9. html）。

只要避免了前面提到的两个风险，企业 BIM 应用就不太会出现大的失误。

# 第3讲　建立初始 BIM 生产力是企业开展 BIM 应用的第一个目标

企业开展 BIM 应用的目标可以有很多，但从根本上来说实现这些目标都需要一个共同的基础，这就是让 BIM 成为企业的有效生产力。

我们理解，企业 BIM 生产力是指至少有一个团队能够持续在实际项目的全部或部分应用 BIM 技术提高工作效率和工作质量，为企业贡献更多更好的经济效益和社会效益，并从这样一个团队开始，根据企业经营、市场需求和技术发展情况逐步普及。我们把该项工作叫作"企业 BIM 生产力建设"。显然，企业 BIM 生产力建设不是一蹴而就简单组织一两次软件操作培训的事情，需要一套行之有效的方法和体系。

目前市场上比较常见的 BIM 软件操作培训主要是教会学员掌握软件每一项功能的使用方法，而企业 BIM 生产力建设培训应该主要是教会企业项目团队应用 BIM 技术完成工程任务、解决项目问题、提升工作效率和盈利能力。用一个通俗的比喻可以这样来理解，软件操作培训是教会学员知道一共有多少药、每一种药（软件功能）能治什么病，培训出来的是药师；而企业 BIM 生产力建设培训是教会学员掌握碰到不同的工程项目（病情）应该如何使用合适软件的合适功能（药）把项目做好（把病治好），培训出来的是医师。这就是为什么企业仅仅只是派员工参加各种 BIM 软件培训以后回来无法直接形成生产力的根本原因。

无论市场上对 BIM 的外延和内涵有多少种解释和演绎，归根到底，BIM 是一种基于模型的建筑业信息技术，而目前普遍使用的 CAD 是一种基于图形的建筑业信息技术。企业进行项目建设和运维的核心技术由 CAD 向 BIM 升级对企业来说意味着模型在项目建设和运维过程中的作用将不断增加，企业员工使用模型完成管理和专业技术任务的比重将不断增加，实现从目前主要使用图形完成项目任务到未来同时使用模型和图形完成项目任务的生产方式转变，并最终实现企业技术水平、盈利能力和核心竞争力的提升。当然，这里所谓的模型是指信息模型即 BIM 模型，其中模型所包含信息的丰富和可利用程度决定模型的利用价值。

从主要依靠图形完成工程任务到同时依靠模型和图形完成任务的生产方式转变示意如图 5 所示，请特别注意图中大大的加号不是可有可无的。

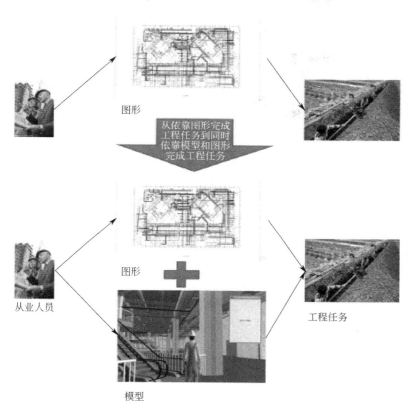

图形

从依靠图形完成
工程任务到同时
依靠模型和图形
完成工程任务

图形

从业人员

模型

工程任务

图5　从主要依靠图形完成工程任务到同时依靠模
　　型和图形完成工程任务的生产方式转变

# 第4讲 企业BIM生产力很难只靠简单的培训实现，需要一个行之有效的体系

请进来或派出去安排一定数量的员工学习软件操作是每个企业开展 BIM 应用都必须要做也一定会做的事情，大家都知道的问题在于如果企业在开展 BIM 应用的过程中只做培训软件这件事情，那么绝大部分情况下 BIM 应用的效果都不会太好，或者需要很长一段时间摸索才会产生比较好的实际效果。

导致上述现象的主要原因是什么呢？有没有比较行之有效的办法呢？

## 1. 主要原因1：BIM 应用是团队运动

如果我们把 BIM 和目前已经普及使用的 CAD 技术进行比较，就会发现 CAD 基本上是一个软件的事情，而 BIM 不仅仅是一个软件的事；CAD 基本上只是换了一个工具，而 BIM 不是仅仅换一个工具的事；CAD 更多地表现为使用者个人的事，而 BIM 不仅仅是一个人的事；CAD 基本上只是换了一种介质，而 BIM 不仅仅是换了一种介质的事。

BIM 的上述特点决定了 BIM 对建筑业的影响和价值将会远比 30 年前的 CAD 来得更为广泛和深远，同时也决定了学习掌握和推广普及 BIM 所需要付出的努力和可能遇到的困难要远比 CAD 来得多和来得大。CAD 的主要应用价值（即所谓的甩图板）基本上可以通过一本所用软件的操作手册以及一个会用软件的从业人员来实现，而 BIM 的主要价值实现则至少需要一个专业和层级相对齐全的项目团队。这是企业套用当年 CAD 推广普及时简单派人培训软件回来后难以产生实际应用效果的根本原因。

## 2. 主要原因 2：心理学记忆遗忘曲线

如上所述，只是简单地为部分员工培训软件操作，培训结束以后在实际工程中又不能很快地产生实际效益，那么学过的软件也就渐渐无用武之地了，时间一长另外一个问题出来了。

心理学记忆遗忘曲线（艾宾浩斯遗忘曲线）理论表明，如果学习内容不及时通过实际使用等手段加以巩固提高，那么大部分内容将会在较短时间内遗忘，遗忘的速度和比例的具体数值则跟所学内容的类型和年龄等因素有关，如图 6 所示。

在过去 10 多年的 BIM 应用培训实践中我们发现，如果培训结束后三个月内不在实际工作中使用，如果三

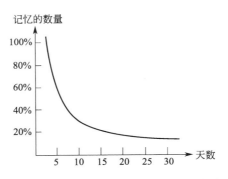

图 6　心理学遗忘曲线（艾宾浩斯遗忘曲线）

个月以后才有机会安排学员使用，会产生明显的应用障碍，到时候还需要通过一定的巩固培训或练习，才能恢复到培训结束时的水平。

## 3. 一个实践证明行之有效的方法：优比咨询 BIM 应用能力建设体系

　　基于对上述主要原因的分析，广州优比建筑咨询有限公司在为企业提供 BIM 生产力建设服务的过程中总结出了"企业建立项目型 BIM 团队→基础培训→试点项目应用→中级培训→试点项目应用→高级培训→试点项目应用→BIM 应用成为学员不会遗忘的技能"这样一套称之为"BIM 应用能力建设体系"的方法，如图 7 所示。

　　这套结合心理学、工程建设和 IT 技术以及人才培训理论的 BIM 生产力建设培训方法经过过去六年在政

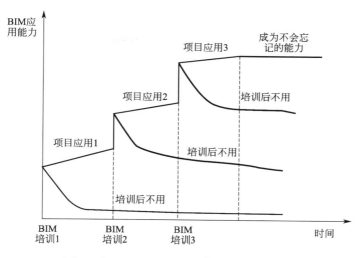

图 7　广州优比咨询 BIM 应用能力建设体系

府部门、业主、设计、施工、监理等不同类型企业 BIM
生产力建设培训的实践证明其具有比较好的实用性和可
行性，可以帮助企业有效避免风险、产生实际效益、快
速形成生产力。

　　企业 BIM 应用实践的关键是论证和确定在不同的
时间、不同的项目、不同的市场环境下用 BIM 做什么
以及如何做才能取得最好的效果和效益，企业很容易要
求所有员工更换日常工作使用的软件工具，但更换以后
会产生什么样的效果呢？工作质量和效率是提升还是降
低了呢？这才是企业 BIM 应用决策的关键。

# 第 5 讲　看看竞争对手在用什么软件比听 100 场软件厂商和专家介绍还要有用

选择软件是所有企业开展 BIM 应用都必须要做的一件事情，在"依靠一个软件解决所有问题的时代已经一去不复返"的当下，为企业选择合适的软件配置并不是一件非常容易的事情。

软件选择可以和需要参考的资料大致可以分为软件厂商宣传资料、专家建议和用户案例几类，这些资料各有特点。首先，软件厂商的资料一般只介绍其产品好的一面，不太会介绍其产品不好的一面，这就是所谓的王婆卖瓜自卖自夸，但是所有产品都会有优势和劣势，而且很多时候这样的优劣是阴阳共生的；其次，在听取专家建议的时候要注意区分厂商专家和非厂商专家，在厂商专家介绍自己产品的时候要将其看成是厂商而不是专家，这样得到的信息就会比较客观；第三，对于重要的用户案例在听完看完介绍以后一定要自己去考察，眼见为实。

除了看资料听介绍以外，软件选择还必须要做的事情就是评估或测试。评估可以从技术因素和非技术因素两个方面来进行。技术方面的评估包括软件的功能、性能、输入输出、信息共享、软硬件环境等，非技术因素包括价格、人才、政府和客户要求、项目相关方的配合、软件厂商的历史实力信用与未来发展趋势等。测试可以通过企业典型项目的实际应用来判断软件对企业需求的满足程度。

也许还有可以和应该做的其他事情，但不管做的是前面提到的哪一件事情，在选择软件的整个过程中都只是其中的一个方面或一个角度，所有这些不同方面和角度的结果综合起来加上权重最后形成企业软件选择的决策，这是软件选择的一般过程。那有没有既简单又有效的软件选择方法呢？我认为答案是肯定的，那就是随时随地仔细研究竞争对手在用什么软件。这既是企业选择软件简单而有效的方法，也是即使使用了前述软件选择过程最后也一定不能不做的一个关键步骤。

请注意我们说的是竞争对手而不是同类企业，是跟您的企业规模、地域、客户群、产品等最接近的那些几乎天天和您的企业在项目上竞争的同类企业，看看他或他们每天都在用哪些软件，比听 100 场软件厂商和专家的介绍还要有用，如图 8 所示。

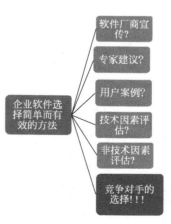

图 8　企业软件选择简单而有效的方法

# 第6讲 没有BIM的普及应用就不会有成熟的BIM软件

从业人员BIM知识、素养和技能（简称BIM能力）以及BIM软件，是BIM应用的两个基本前提，而影响BIM应用的其他因素（诸如标准、资源、制度、环境等）都必须建立在人员BIM能力和BIM软件两个基础之上。本讲我们讨论跟BIM软件有关的问题。

在过去几年里，作者曾经在博客上发布过如下5篇有关BIM软件的文章：

（1）108《BIM软件知多少（上）》http://blog.sina.com.cn/s/blog_620be62e0100lowy.html

（2）111《BIM软件知多少（中）》http://blog.sina.com.cn/s/blog_620be62e0100lqwd.html

（3）112《BIM软件知多少（下）》http://blog.sina.com.cn/s/blog_620be62e0100lrbu.html

（4）146《BIM软件知多少（四）-AGC（美国总承包商协会）的版本》http://blog.sina.com.cn/s/blog_620be62e0100skf0.html

（5）147《BIM软件知多少（五）-IBC（加拿大BIM学会）的版本》http://blog.sina.com.cn/s/blog_

620be62e0100sycb.html

虽然上述文章提到的软件已经有近百种，但软件能力和成熟度不足仍然是全球影响 BIM 应用普及和效益实现的最主要障碍之一。目前，BIM 软件的总体情况可以用以下几个方面来描述：

（1）软件不够成熟，软件功能满足工程任务的程度还比较低；

（2）不同软件之间的数据共享程度不一、方法不同、掌握困难；

（3）平台软件与工具软件相比成熟度更低（注：对平台软件和工具软件的定义请参考第十八讲）。

现在离上述最后一篇文章发布的时间（《BIM 软件知多少（五）》发布于 2011 年 7 月）也过去 4 年多了，BIM 软件的发展情况又如何呢？我们一起来看一下中国建筑业协会工程建设质量管理分会主持的 2013～2015 年连续三年施工企业 BIM 应用调研关于软件使用情况的调研结果，如图 9～图 11 所示。

由上述统计结果以及大家在日常 BIM 应用中的切身经验知道，就总体而言，全球 BIM 软件版图并没有发生大的变化，前文提到的那些问题依然存在，而且可以预计也不会在短时间内出现大的进步，原因很简单，好的软件是用户用出来的，绝对不可能单独依靠软件厂商开发出来，当然这是一个互相促进的过程。但有一点是肯定的，没有 BIM 的普及应用就不会有好的成熟的 BIM

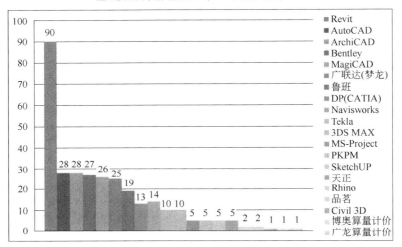

图 9　2013 年国内施工企业 BIM 软件使用情况

（图中柱形条与图右侧软件名称依次对应，下同）

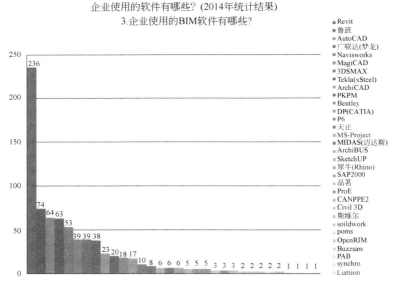

图 10　2014 年国内施工企业 BIM 软件使用情况

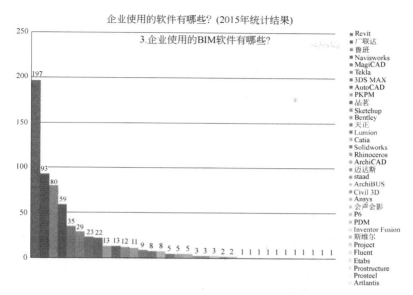

图 11　2015 年国内施工企业 BIM 软件使用情况

软件。也就是说，作为工程建设整个行业而言，等到有了成熟的 BIM 软件以后再应用 BIM，本身是一个不可能实现的命题。

# 第 7 讲　BIM 硬件环境建立需要特别注意哪几个关键要素

大家都知道 BIM 应用对硬件环境有自己的要求，并且大家也都知道这个要求包括更高的 CPU 主频、更多的内存、更大的硬盘、更好的显示等，但是除了这些人人皆知通用的更好硬件配置外，BIM 硬件环境有哪些独特的要求呢？根据我们的经验，这个问题并不是所有计划启动 BIM 应用的企业和企业决策层清楚的，事实上在这件事情上走弯路的企业也不在少数。

优比咨询核心团队根据这些年的 BIM 应用研究和实践归纳总结了一幅 BIM 硬件环境建立关键要素图如图 12 所示。

这里不打算对企业级的 IT 架构进行展开，因为企业级 IT 架构属于专业的 IT 问题。此处我们仅针对 BIM 硬件的若干关键要素进行几点简单的说明，尤其是图中四处圆圈标注的内容，以期企业 BIM 决策人员对 BIM 硬件环境能快速得到一个整体的认识。

首先，总体而言 BIM 硬件需要包括一台 BIM 文件服务器、若干 BIM 台式机、至少一台 BIM 手提电脑和一台平板电脑等一个系列，原因很简单，BIM 应用的效

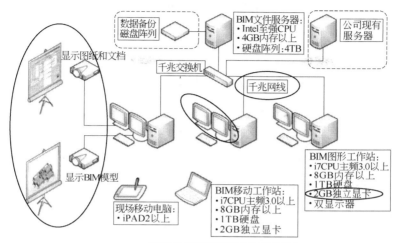

咨询BIM硬件环境建立关键要素图

图12　BIM硬件环境关键要素

益和价值实现基本上无法依靠一个人来完成，至少需要有一支在协同环境下能承担整个项目（或项目局部）相关专业 BIM 应用的团队，因此团队或项目用服务器以及个人用台式机是必需的。此外跟客户交流以及进入施工现场的工作也少不了，因此一台手提电脑和平板电脑也是基本配置。

其次，高主频、大内存、大硬盘、好显示是所有高配置硬件的标准，BIM 硬件也不例外，无须赘言也一定在企业 BIM 决策人员的考虑之内，而需要特别提醒的是上图红圈里面的四项内容：第一是千兆网线到桌面，BIM 应用数据量大，百兆网线支持不了；第二是 BIM 工作站双显示器，不少企业不太相信这个建议，说配个大显示器就好了，事实证明一台 29 英寸肯定比不上两台 20 英寸的效率，左右放置，一台看图形，一台看模型，前述这些企业只能后面又增加显示器，但是增加显示器跟工位设计等一系列工作有关，事后改正会增加不少工作量和麻烦；第三是会议室包括工地会议室配置双投影仪，一台投图形，一台投模型，投资不大，但会议效率改善明显；第四是独立图形卡，显卡是影响模型显示效率也即工作效率的主要因素之一。

# 第 8 讲　从零开始应该建立什么样的 BIM 团队

小范围试验然后再推广普及已经被证明是人类社会对待所有新生事物的有效办法，BIM 应用也不例外。因此，建立小范围的 BIM 团队也就毫无疑问地成为几乎所有企业开展 BIM 应用的不二选择。这个方法本身一定是一个合理而且行之有效的方法，但现实情况却是采取同样方法的企业可能得到不完全相同甚至完全不同的结果，虽然导致这种结果的影响因素可能不止一个，但问题的根源却始终在于一开始建立的是一个什么样的 BIM 应用团队。就好像当年改革开放的试点如果不是放在深圳而是放在另外一个地方的话，也可能会出现完全不一样的结果。

那么企业从零开始究竟应该建立一个什么样的 BIM 应用团队来启动企业的 BIM 应用计划呢？我们一起来看看图 13。

如图 13 所示，从顶层设计的角度来分析，企业从无到有的 BIM 应用规划决策要解决 BIM 应用方向和 BIM 应用力度两个问题。

所谓 BIM 应用方向就是弄清楚企业用 BIM 干什么，

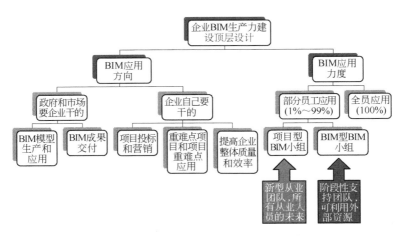

图 13　企业 BIM 生产力建设顶层设计

从企业生存和发展的需求来看，无非有两个方面，一方面是政府主管部门和客户等上游环节要求企业做的事情，另一方面是企业为了解决经营、生产或技术难题以及提升核心竞争力等自己想要做的事情。

BIM 应用力度就是企业投入多少资源去启动 BIM 应用的工作，这里的资源虽然包含不同的内容，但其核心要素是人力资源，也就是说，BIM 应用力度基本上可以用投入的员工数量或比例去衡量，这个比例可以从 0% 到 100%。

那么该如何给 BIM 的普及应用下一个定义呢？相信绝大多数同行可以同意这样的说法：即所有相关从业人员能够在各自工作职责中需要用到 BIM 的地方把 BIM 用起来。毋庸置疑，BIM 会带来行业生产和管理方式的变化，以及新的工作岗位的出现，但对于现有绝大部分从业人员的专业和岗位职责而言仍然是要完成今天正在完成的各类专业或管理任务，不同的是要在这个过程中把 BIM 技术、方法、工具融合进来。

　　企业从零开始建立的初始 BIM 应用团队有两种形式，一种形式可以称之为"BIM 型 BIM 团队"，企业保持现有生产岗位职责不变，额外建立一支专门从事 BIM 应用的团队，配合原有岗位完成相应工程任务；第二种形式是培训经过选择和重新组织的项目团队成员掌握 BIM 应用能力，在相应工程任务中融合应用 BIM，这样的团队可以称之为"项目型 BIM 团队"。

　　很显然，上面介绍的"BIM 型 BIM 团队"在企业普及应用 BIM 的过程中只是一个在一定时间内有存在价值的阶段性技术支持团队，除了里面的少数 BIM 专用人才会一直延续下去以外，大部分成员将会需要在 BIM 普及应用以后另谋出路，因此完成这类团队职能的另外一个替代方案也可以是少数企业内部 BIM 专用员工加上外部资源。

　　而"项目型 BIM 团队"事实上就是 BIM 普及应用以后的未来工程建设行业从业人员队伍，是掌握了 BIM 应用技能的专业技术和管理团队，自然也是企业开展 BIM 应用的努力方向。

# 第 9 讲　对 BIM 团队采取什么样的培训方式比较有效

　　企业建立了一定规模的 BIM 应用团队以后，接下来有一项工作是必不可少的，那就是如何让这个团队的成员获得相应的 BIM 应用能力。简单分析不难发现要实现这个目标从根本上有自学和培训两种方法，两种方法都有成本，其中自学方式的主要成本是团队成员的时间，培训方式的主要成本除了团队时间以外就是培训费，目的当然是用培训费缩短团队获得 BIM 能力的时间。这里不打算对自学方式展开讨论，那么就培训而言，什么样的培训方式会有更好的效果呢？

　　要回答这个问题，首先让我们来看一看，对于同样一个接受了 BIM 应用培训或者说通过某种方式获得 BIM 应用能力的学员来说，回到具备不同 BIM 应用基础的企业以后如何才能让 BIM 成为企业的有效生产力，如图 14 所示。

　　由图可知，不同企业需要不一样的培训方式，对于有 BIM 应用基础的企业，可以采取请进来、送出去等各种方式，只要个人掌握了一定的 BIM 应用能力，回到企业就可以跟其他成员一起把 BIM 应用到实际项目

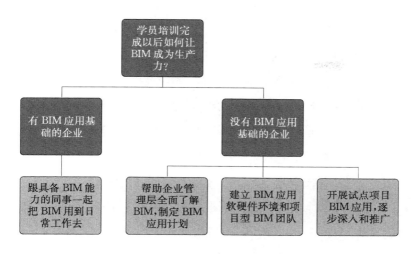

图 14    学员培训完成后如何能把 BIM 用起来

中。而对于没有 BIM 应用基础的企业，情况则完全不同，接受过培训的员工回到企业至少需要完成下列几项工作以后才能让 BIM 形成一定的生产力：

（1）帮助企业决策层和管理层全面了解 BIM，从而为企业制定一个合适的 BIM 应用计划；

（2）建立和培训一个合适的 BIM 应用团队，同时建立一个 BIM 应用起步需要的基本软硬件环境；

（3）开展若干试点项目应用，并在此基础上逐步深入和推广。

很显然，完成上述工作需要不同层次的 BIM 能力（详见作者博文《161 BIM 专业应用人才职业发展思考（二）——要求哪些能力？》http：//blog. sina. com. cn/s/blog_620be62e0100v1za. html，《162 BIM 专业应用

人才职业发展思考（三）——如何构建能力？》http：//
blog. sina. com. cn/s/blog _ 620be62e0100v1zc. html 等系列
文章），而且这些能力也不能简单地依靠一两次培训来获
得，因此在这个过程中，培训人数太少、团队人员结构
不合理、培训内容不够、缺少 BIM 应用过程中的技术
指导和支持、企业没有统一规划、领导不重视等任何一
个因素都可能导致 BIM 应用无法顺利开展。

2014 年中建股份对下属 100 多家三级企业的 BIM
应用情况进行了一次内部调研，图 15 是"什么样的培
训方式效果好？"这个问题的统计结果，饼图中前一个
数字为样本数量，后一个百分数为该样本的百分比。

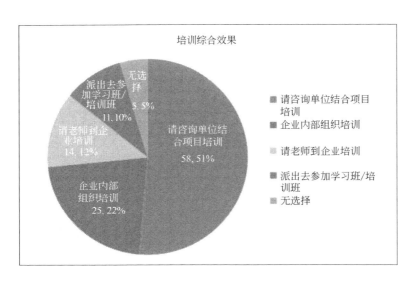

图 15　中建 BIM 培训方式调研结果（2014 年）

其中半数以上企业（58家企业，占51%）认为结合实际项目应用进行培训综合效果最好，这个结果的原因并不复杂，因为在实际项目中应用BIM取得效益本来就是企业BIM应用所有目标的基础目标。

# 第 10 讲　如何确定用 BIM 做什么

对企业 BIM 应用决策而言，真正弄清楚本企业用 BIM 做什么才能为项目和企业带来较好效益要比了解什么是 BIM、BIM 能做什么以及 BIM 应用有什么价值等有关 BIM 本身的事情重要和关键得多，但是目前能够看到的绝大部分 BIM 应用资料都属于后者，大量一遍又一遍地重复着什么是 BIM、BIM 能做什么以及 BIM 应用有什么价值这样一些基本概念。

一方面，作为常识所有从业人员都应该清楚，不是所有项目或企业的问题都可以用 BIM 来解决的，即使能用 BIM 解决也不是所有这些问题用 BIM 就一定比其他方法有更高效率和质量的。另一方面，企业在决策用 BIM 做什么时还需要时刻记住这样一个事实，即 BIM 潜在的价值不等于今天能实现的价值，不同 BIM 应用的成熟度不一样，投入产出情况也不一样，因此企业必须根据自身特点来制定用 BIM 做什么的决策。

根据作者的研究和实践，目前情况下 BIM 应用可以分为效益型、市场型、科研型（或战略型）以及培训型四类，不同类型 BIM 应用的目的和效益是不尽相同的，效益型重在 BIM 应用的直接回报，从做好项目的角度获益；市场型重在建立品牌，从提升企业和产品品牌知名度和美誉度的角度获益；战略型或科研型重在企业核心竞争力建设，从未来发展的角度获益；培训型重在企业 BIM 生产力和个人 BIM 应用能力建设，从人才队伍的角度获益。同一种 BIM 应用在不同的企业或不同的项目情况下其类型不一定完全一致，需要结合对企业和项目的理解来确定。

　　基于上述分析，尽管不同企业的具体情况存在各种差异，但图 16 所示的"企业用 BIM 做什么决策方法"基本上应该对所有企业都适用：

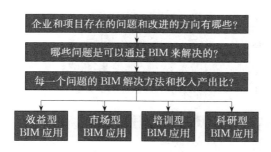

图 16　企业用 BIM 做什么决策方法

# 第11讲 应该选择什么样的 BIM 应用试点项目以及采取哪种实施模式

试点项目是企业 BIM 普及应用的必由之路，但是由于担心团队 BIM 应用能力问题，一般情况下绝大多数企业会选择简单项目作为 BIM 应用的第一个试点项目，甚至选择假的项目（即已完成项目）进行试点的企业也不在少数，事实上这样的决策正好直接导致了 BIM 应用价值和效益的无法体现，而且企业 BIM 团队真正的 BIM 应用能力也无从验证。此种做法总体而言对企业 BIM 应用的顺利开展弊大于利。

在试点项目选择上我们的经验和建议是，从第一个项目开始就反对使用假项目，不支持选择简单项目，而应该选择有规模、有难度、包含多种专业应用的项目，理由很简单，BIM 应用企业需要有专项投入，包括购买软件、更新硬件、培训人员等，选择合适的项目可以使企业在 BIM 应用上的投入在第一个试点项目上就能有合理回报。

对于企业 BIM 团队如何顺利完成第一个试点项目 BIM 应用并获得收益的问题应该从其他方面入手，如图 17 所示，包括利用外部资源进行技术支持和托底、在大型复杂项目的局部应用 BIM、综合考虑不同类型的 BIM 应用等具体措施，而不是通过选择简单项目或假项目来实现，因为简单项目或假项目 BIM 应用最好的效益可能也只是零，且无法产生市场影响和科研积累等作用。

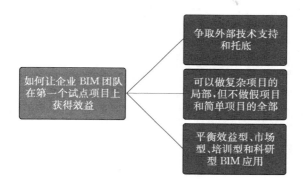

图 17　如何保证第一个 BIM 应用项目获得效益

企业项目 BIM 应用从实施模式来看基本上可以分为图 18 所示的四种方式：

图 18　BIM 应用实施模式

其中全员普及是 BIM 应用的理想目标，不需要进行讨论。其他三种都有可能成为企业开展第一个试点项目 BIM 应用的选择，我们的建议是从第一个项目开始就应该由企业自己的团队来实施，理由很简单，其一，对企业自身的 BIM 团队而言，不管从第几个项目开始自己做，永远都有需要解决第一个项目如何自己干的问题；其二，外部团队永远创造不了企业自身团队应用 BIM 能够创造的效益，因为 BIM 并不是工程项目建设和运维全过程所需要使用的技术或方法的单一存在。

# 第 12 讲　用某个 BIM 软件能实现和
## 应该用该软件和方法去实现不是一回事

　　从业人员从各种渠道听到最多的软件厂商的典型话语是他的软件能干这个能干那个，听到的最多的 BIM咨询服务企业的典型话语是他们能用 BIM 做这个事情做那个事情。但作为企业 BIM 应用决策成员来说，了解一个软件或方法能做某件事情只是最基本的起步，而且相对而言也是最简单的工作，因为这是所有软件厂商及其代理经销机构时时刻刻都在做的事情，即通过各种渠道告诉企业各个层次他们的软件能做什么以及做得如何好。

　　而企业 BIM 应用决策在软件选择上的目的却不是要知道一个软件能做什么，而是要确定哪种软件和方法最适合企业使用，就跟旅行选择交通工具一样，从北京到天津大部分人的选择一定是火车、大巴或自驾，不会选择飞机，虽然飞机也能实现这个目的。而从北京到广州就会选择飞机或火车，尽管大巴和自驾也是可以完成这项任务的。当然如果情况特殊，北京到天津也可以坐飞机，北京到广州也可以坐大巴或自驾。在这里火车、大巴、自驾、飞机类似于能完成某项工作的各种软件或方法，而从北京去天津或广州则类似于不同企业或项目的特点，决策则是要确定用什么工具或方式去实现。

因此用 BIM 能做某件事情，并不一定意味着企业应该用 BIM 去做这件事情，具体到某一个软件也是如此，而在了解了 BIM 以及某一个具体软件能做什么以后接下来的一系列工作才是企业 BIM 应用决策的关键，如图 19 所示。

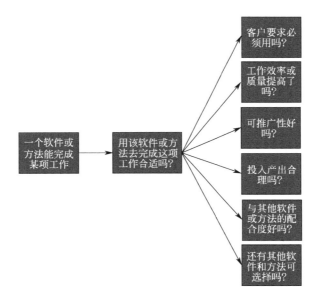

图 19　软件使用适合性评估

从知道一个软件能完成什么工作到确定企业真正用该软件来完成这项工作，企业 BIM 应用决策至少要从图 19 所示的几个方面去分析，包括政府或客户是否对使用什么软件有要求、能否提高现有的工作效率和质量、是否比较容易推广到其他项目和人员、投入产出比是否合理、能否与企业现有的其他软件和方法配合使用、除了这个软件以外是否有其他选择等。而不能仅限于从一个软件和方法能否实现某项功能去决策。

# 第 13 讲　BIM 应用大赛能获奖和生产出效益不是一回事

抛开大赛获奖也能在不同程度和可能上为企业创造效益这个因素，企业 BIM 应用决策层应该清楚在大赛中获奖和在实际工程中出效益的 BIM 应用往往不是一回事，按照目前企业 BIM 应用"市场型、效益型、培训型和科研型"的类型划分，大赛获奖的 BIM 应用应该可以归为市场型 BIM 应用，如图 20 所示。

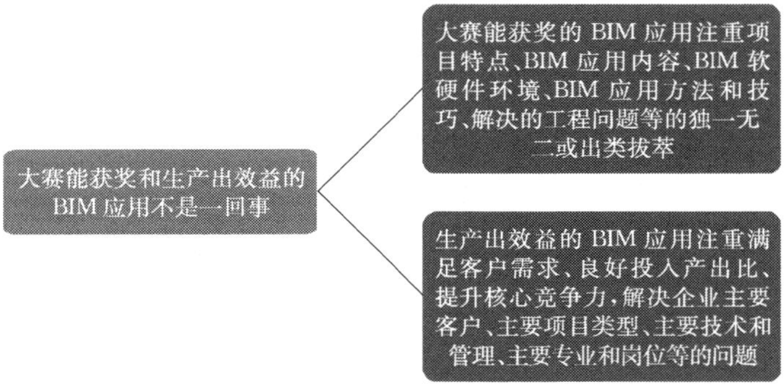

大赛能获奖和生产出效益的 BIM 应用不是一回事

大赛能获奖的 BIM 应用注重项目特点、BIM 应用内容、BIM 软硬件环境、BIM 应用方法和技巧、解决的工程问题等的独一无二或出类拔萃

生产出效益的 BIM 应用注重满足客户需求、良好投入产出比、提升核心竞争力，解决企业主要客户、主要项目类型、主要技术和管理、主要专业和岗位等的问题

图 20　BIM 应用大赛能获奖和生产出效益的区别

计划在各类大赛中获奖的 BIM 应用要在出类拔萃上下功夫，包括工程项目的类型和特点、使用的技术和工具、使用的方法和技巧、解决的工程问题、取得的应

用效益等，要在一个或几个方面做他人没做过或暂时不能做的工作，抑或采取了比他人效率和质量更高的思路和方法。此外，送审材料的准备也要有充分考虑，在评审过程中，只简单描述自己做了什么 BIM 应用这种流水账类型的成果很难有机会被评出来，而应该要把采取了什么样的具体措施、比目前普遍的做法有什么优势、解决了什么样的困难或取得了什么不一样的成效这些有特点的内容表达出来，除非你的项目和应用本身就是那种独一无二的类型。事实上项目本身的独一无二在大赛获奖中的重要性几乎一直可以排第一位。

然而对于绝大部分企业的 BIM 应用决策来说，获奖既不能也不应作为唯一甚至重要条件，毕竟居家过日子是每天的事情，而上舞台亮相只能偶尔为之。实际工程出效益的 BIM 应用重点在于投入产出比，在于满足市场和客户需求，在于提升企业核心竞争力，要把功夫下在企业的主要市场、主要客户、主要项目类型、主要的技术和管理问题、主要专业或岗位上，从这些问题出发确定企业开展 BIM 应用的目标、路线图和实施计划，并据此组织 BIM 团队、选择 BIM 软件、建立 BIM 硬件和网络环境、确定 BIM 培训和试点项目、分析 BIM 应用效果、制定 BIM 应用标准和推广普及计划等，只有这样企业的 BIM 应用决策才不会出现目前并不少见的投入了没有产出、应用了没有效果、培训了还是不会等常见问题。

至于企业那些在实际工程中产生了效益的 BIM 应用能否在各类 BIM 大赛中获奖，那要看这些实际项目的 BIM 应用是否具备某类大赛的获奖基因；而企业是否应该为 BIM 大赛获奖专门组织有竞争力的 BIM 应用成果，则是企业运营管理中需要的另外一种决策，或者说也是企业 BIM 应用决策需要考虑的一个因素而已。

# 第14讲 没有足够的BIM工程实践 不可能产生高水平的BIM标准

目前有些什么样的 BIM 标准？企业应该如何应对 BIM 标准以及使用哪种 BIM 标准体系？项目应该执行哪些 BIM 标准？企业和项目是否需要建立自己的 BIM 标准？如果需要的话应该包括哪些内容？前面这些跟 BIM 标准有关的问题是所有企业 BIM 应用决策过程都非常关心并且试图弄清楚的问题。

在正式讨论这些问题以前，请大家不要忘记一个简单的常识，那就是所谓工程技术标准实际上是对工程实践活动的总结和提炼，没有足够的工程实践产生不了高水平的标准，BIM 应用也不例外。

目前全球公开的国际、国家和地区、行业和地方政府以及企业和机构 BIM 标准和指南有几十种，按发布时间统计如图 21 所示，站在企业 BIM 应用决策的角度，这些标准大致可以分为三个类型（图 22）。

（1）第一类：ISO 关于建筑信息技术应用的标准，与 BIM 关系最紧密的有三项，包括 ISO16739 的 IFC（Industry Foundation Classes——行业基础分类）定义信息交换的格式，ISO29481-1 的 IDM（Information

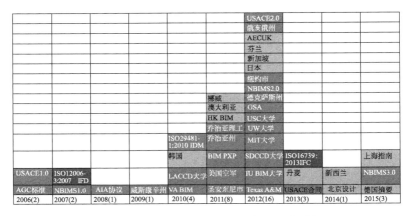

| | | | | | | | | | |
|---|---|---|---|---|---|---|---|---|---|
| | | | | | | USACE2.0 | | | |
| | | | | | | 俄亥俄州 | | | |
| | | | | | | AECUK | | | |
| | | | | | | 芬兰 | | | |
| | | | | | | 新加坡 | | | |
| | | | | | | 日本 | | | |
| | | | | | | 纽约市 | | | |
| | | | | | | NBIMS2.0 | | | |
| | | | | | 挪威 | 德克萨斯州 | | | |
| | | | | | 澳大利亚 | GSA | | | |
| | | | | | HK BIM | USC大学 | | | |
| | | | | | 乔治亚理工 | UW大学 | | | |
| | | | | ISO29481-1:2010 IDM | 乔治亚州 | MIT大学 | | | |
| | | | | 韩国 | BIM PXP | SDCCD大学 | ISO16739:2013IFC | | 上海指南 |
| USACE1.0 | ISO12006-3:2007 IFD | | | LACCD大学 | 美国空军 | IU BIM大学 | 丹麦 | 新西兰 | NBIMS3.0 |
| AGC标准 | NBIMS1.0 | AIA协议 | 威斯康辛州 | VA BIM | 圣安东尼市 | Texas A&M | USACE合同 | 北京设计 | 德国编要 |
| 2006(2) | 2007(2) | 2008(1) | 2009(1) | 2010(4) | 2011(8) | 2012(16) | 2013(3) | 2014(1) | 2015(3) |

图 21　全球公开 BIM 标准/指南及发布时间

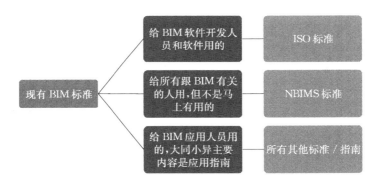

图 22　现有 BIM 标准分类

Delivery Manual—信息交换手册）定义要交换什么信息，以及 ISO12006-3 的 IFD（International Framework for Dictionaries—国际字典框架）确定交换的信息和你要的信息是同一个东西，这三个标准是 BIM 价值得以实现的三大支柱，但这三个标准主要不是直接给 BIM 应用人员使用的，而是给 BIM 应用研究和软件开发等人员

46

使用的。

（2）第二类：美国国家 BIM 标准 NBIMS（National Building Information Modeling Standard），最新版本为 2015 年发布的第三版。NBIMS 是目前唯一一本对整个 BIM 体系做完整描述的标准，因此 NBIMS 把自己定位为"BIM 标准的标准"，想要对 BIM 做整体和深入了解的从业人员如果把 NBIMS 作为核心读物可以起到事半功倍的效果。

（3）第三类：除此之外的所有其他 BIM 标准/指南都属于第三类，内容上大同小异，基本上是不同地区、不同时段、不同项目类型的各种 BIM 应用指南，选择其中几本做参考就可以。

基于以上分析，我们建议企业在应对 BIM 标准的问题上采取如图 23 所示的策略。

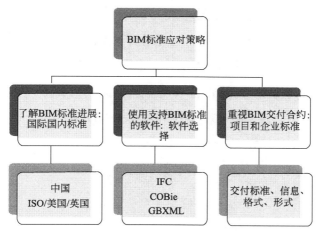

图 23　BIM 标准应对策略

（1）首先我们要了解国内外 BIM 标准的进展情况：发布 BIM 标准的国家和地区已经有不少数量了，累计数量应该还会越来越多，大部分企业没时间也没必要跟踪和了解所有的 BIM 标准。除了国内标准需要直接参照执行必须跟踪掌握外，其他国家和地区的 BIM 标准一般情况下只要关注 ISO、美国和英国三类即可。

（2）其次要选择能够支持需要我们遵守的 BIM 标准的软件：涉及数据层面的 BIM 标准都是需要通过软件来实现的，没有软件支持的数据层面标准基本上不会有实际使用意义上的价值，因此在选择使用什么软件的时候要考虑这些软件是否支持企业或项目需要遵守的那些 BIM 标准。

（3）最后要重视 BIM 交付合约，建立项目和企业级 BIM 标准：正是因为 BIM 应用整体上还处于试验性应用阶段，实际工程应用经验数量有限，不可能凭空产生高水准的 BIM 标准，再加上国家、行业、地方标准也不可能对每个项目的 BIM 应用要求规定得很细，因此作为实际应用 BIM 技术的企业或项目团队而言，企业或项目级的 BIM 交付合约就成为项目 BIM 应用效益实现的重要保证，包括交付的成果类型、内容、格式、形式等。

# 第15讲 人员BIM能力和能够找到的 BIM软件是企业BIM生产力建设 不可或缺的两个支柱

影响 BIM 应用效益实现和 BIM 成为企业生产力的因素很多，但其中不可或缺的决定因素只有两个，一个是从业人员的 BIM 应用能力，另外一个是能够找到以及可以使用的 BIM 软件。如果没有可以使用的软件，一切跟 BIM 应用有关的目标和想法都只能停留在理论上，无法在实际工程中实现；如果没有具备 BIM 应用能力的从业人员，即使有再好的软件、标准、资源也不过是一句空话，更何况，除软件外，这些好的标准、流程、资源都只能来自于具备 BIM 应用能力从业人员的研究和实践，如图 24 所示。

从业人员的 BIM 应用能力本质上是指各类专业技术和管理人员在现有技术和方法基础上融合或集成利用 BIM 提高完成本职工作效率和质量的能力，例如建筑师、结构工程师、水暖电工程师通过把 BIM 融入设计工作以提高设计效率和质量，土建、机电、钢构、幕墙施工人员通过使用 BIM 提高各自的施工效率和质量，造价管理人员应用 BIM 提高造价管理效率和质量等。

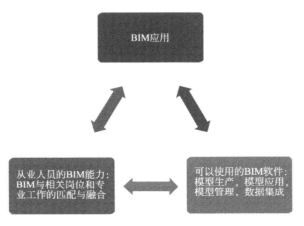

图 24  BIM 应用和 BIM 成为企业生产力的决定因素

对于绝大多数业内企业而言，在使用什么 BIM 软件上能做的工作只能是在市场上寻找和选择适合自己的软件，这些软件包括模型生产或创建、模型应用、模型管理、数据集成等方面的软件。软件选择既要考虑功能、性能、数据共享等技术因素，也要考虑客户要求、相关方配合、企业人员能力等非技术因素。

之所以把从业人员的 BIM 能力和可以使用的 BIM 软件称为企业 BIM 应用和企业 BIM 生产力建设的两个支柱，是因为这两者缺任何一项 BIM 应用就无法实现，就更谈不上把 BIM 转化为企业生产力了，这两者决定 BIM 应用的有无问题，而 BIM 标准、流程、资源等因素只决定 BIM 应用的快慢和好坏问题。

# 第16讲　不同层次的 BIM 应用无法一步到位

从模型信息利用水平的角度分析，BIM 应用可以分为模型创建和单项应用、模型管理和数据集成以及基于集成数据的综合应用三个层面，前一个层面的应用是后一个层面应用的基础，目前三个层面应用的成熟度差距还比较大，对大部分企业而言，三个层面实际应用效益的实现在未来相当长时间内还无法一步到位，需要分步实施。图 25 是 BIM 三个层面应用和对应部分常用软件的示意图。

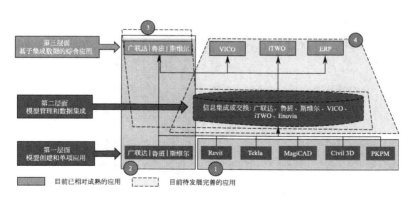

图 25　BIM 三个层面应用无法一步到位

目前应用相对成熟的是编号为 **❶** 和 **❷** 的两个实线

框，❶号实线框属于 BIM 应用的第一个层面即模型创建和单项应用，如 Revit 创建建筑、结构、机电模型进行建筑、结构、机电设计，Tekla 创建钢结构模型进行钢结构设计，MagiCAD 创建机电模型进行机电设计，Civil 3D 创建场地模型进行场地设计，PKPM 创建结构分析模型进行结构设计等。

❷号实线框同时包括了第一个层面和第三个层面应用，但没有第二个层面应用，也就是说，目前已经市场化的广联达、鲁班、斯维尔软件除了建模完成算量、计价等单项应用外，也提供了一些基于集成数据的项目和企业层面的综合应用，需要注意的是，这些综合应用需要以各自软件创建的模型为基础，并不具备对其他软件模型进行数据集成的功能，因此从数据集成的角度上来分析事实上和❶号实线框的软件没有太大区别。

❸号和❹号虚线框是目前不少软件正在努力研发但还不够成熟、离市场化销售和普及还有一定距离的 BIM 应用。❸号虚线框表示的是广联达、鲁班、斯维尔等不以自有建模软件创建的商务模型为基础而是集成其他常用建模软件创建的技术模型为基础的综合应用，因为前端使用哪些建模软件是项目不同专业和岗位从业人员的选择，没有任何企业和个人可以做出硬性规定。这种应用模式已经具备了一定的项目实践，但存在的问题也还不少，离成熟的市场化应用还需要更多的研发和应用积累。

④号虚线框和③号虚线框类似，包括 iTWO、VICO 等软件以及各种 ERP 等企业管理系统等，期望通过管理和集成前端各专业设计建模软件创建的模型作为项目基础数据支持项目和企业管理层面的综合应用。

之所以在本节一开头说图 25 所示的三个层面应用无法一步到位，是因为这三个层面应用本身有递进关系，即有了第一层面的模型创建才会有第二层面的数据集成，有了第二层面的数据集成才有第三层面的综合应用。虽然上述四类应用模式之间自己跟自己互相比较有成熟和不成熟之分，但从整个行业的角度来看 BIM 应用总体还处于小范围试验性应用阶段，也就是说，如果连模型都还没有，谈模型数据集成和基于集成数据的综合应用如何会有太大的实际效益层面上的意义呢。

# 第 17 讲　BIM 技术模型可作为 BIM 商务模型的基础，反之则不然

总体而言，建筑业信息技术应用可以分为技术、商务、管理三个类型，其中商务和管理应用依托的基础是技术应用的成果。

目前普遍使用的工作方式可以简单描述为：技术人员使用各种分析软件完成相应专业的计算、模拟、优化等工作，最终形成施工图（电子或实物介质），商务和管理应用基于以图纸为核心的技术文档展开，其中技术类分析计算软件主要使用的有 PKPM、ETABS、鸿业等，这里非常重要的一点是，作为工程技术文档核心——图纸的绘制工作是由技术人员完成的，而不是由商务或管理人员完成的，因为制图是技术工作的成果输出环节，包含大量专业知识和技能，大家知道同样是技术制图，工程制图和机械制图需要的专业背景是不同的。国内商务类软件则主要有广联达、鲁班、斯维尔等。

BIM 是建筑业信息技术的一种，BIM 应用并不改变信息技术应用的技术、商务、管理分类本质以及项目团队人员的职责分工，模型创建是技术工作的成果形成、校核和输出环节，这个工作无疑也只能由技术人员

完成，而不是由商务和管理等其他人员完成。此外，有了 BIM 应用以后，图纸仍然是法律交付物，在这种情形下，商务和管理应用既可以使用图纸也可以使用模型，但最终法律依据仍然是图纸，这一点全球的情况都是如此。因此不会因为要开展商务应用而去创建 BIM 模型（有别于用于结构分析的计算模型、用于算量计价的商务模型等单用途模型）的，商务应用之所以可以基于 BIM 模型来开展，是因为为了解决技术问题需要项目团队中的技术人员已经建立了 BIM 模型。从另外一个角度来看，技术人员既不会也不敢使用商务人员建立的模型去解决技术问题。

应用 BIM 以后除了使解决原有技术和商务问题可能更方便以外，还能解决原来基于 CAD 解决不好甚至解决不了的问题。实际的发展过程证明 BIM 应用也是先有技术应用后有商务和管理应用，虽然整体上目前 BIM 应用还处于起步阶段，但比较而言 BIM 的技术应用要比商务和管理应用成熟得多。

任何一个企业、个人或软件都有自己固有的基因和核心能力，就如耐克做运动装，阿玛尼做西装一样，一般而言人们不会到耐克买西装或到阿玛尼买运动装。工程领域也是如此，房建项目中建的总体竞争力强，而铁路、地铁等项目总体而言则中铁应该更具竞争力；技术问题咨询客户会找奥雅纳和柏诚之类的企业，而造价咨询肯定找利比或威宁谢这类企业，没有任何客户会在技术问题上找利比或威宁谢来咨询，虽然这些企业都是世界级的建筑业专业咨询服务机构。在目前专业越来越细分的情景下面，事实上不会存在什么事情都能做好以及什么能力都具备的超级企业、超人或超级软件，因此完成一项工程建设需要不同的企业配合、需要使用不同的软件，BIM 应用也是如此。

图 26 简单梳理了 BIM 应用前后的两种工作内容和方式以及常用软件情况。

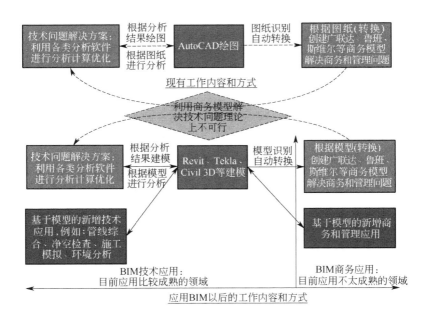

图 26　BIM 应用前后的工作内容和工作方式

如图 26 所示，无论是 CAD 工作方式还是 BIM 工作方式，基于技术文档（无论是图形还是模型）解决商务问题是正常逻辑，而图中灰色虚线和虚线框所示的利用商务模型解决技术问题的方法则都存在理论上和逻辑上的不合理性。

# 第18讲　BIM平台软件也不是那个能够解决所有问题的软件

有一个事实全体从业人员应该是非常清楚的，即想用一个软件解决所有工程问题的期望无论从理论还是实践都是不可行的，就如同我们都非常清楚从来就没有什么救世主的道理一样。而在实际生活和BIM应用中，有两件事情的潜意识也同样惊人地相似，日常生活中很多时候大家都希望有那么一个"救世主"出现来解决我们遇到的所有困难；企业在"BIM平台"选择和决策这个问题上，也时常不经意地出现希望BIM平台是那个能解决所有问题软件的幻想。因此在企业BIM应用决策过程中，有关人员任何时候都不能忘了前面说的这个基本事实，也就是说，市场上不存在能解决工程项目建设和使用所有问题的软件，因此BIM平台软件自然也不是那个能解决所有问题的软件。

根据有关资料介绍，平台泛指为进行某项工作所需要的环境或条件，计算机平台是指计算机硬件或软件的操作环境，可以包括硬件架构、操作系统、运行库等不同层面。随着BIM应用的陆续普及和深入，关于是否需要建立BIM平台以及应该建立什么样的 BIM 平台这个问题逐渐摆到企业 BIM 应用决策人员的面前，尤其这一两年关心这个问题的企业数量有陡然增长的趋势。

但对于什么是 BIM 平台这个问题目前并没有统一的定义或认识，在不同企业、不同人员或不同语境下大家所说的 BIM 平台未必是指同一个东西。例如有些时候会把 Revit、ArchiCAD、AECOSim、CATIA 等软件叫作 BIM 平台，而另一些时候可能把前述这些软件称为 BIM 工具软件，而把 ProjectWise、Vault、iTWO 等称为平台。因此在回答企业 BIM 应用决策关于 BIM 平台的这个问题之前首先要把我们这里讨论的 BIM 平台的定义明确起来。

对 BIM 应用软件进行分类可以有多种途径，例如按专业分为建筑、结构、机电软件，按项目阶段分为设计、施工、运维软件，按项目任务类型分为技术、商务、管理软件等，此外就是前面提到的工具软件和平台软件分类方法，但这种分类方法并没有确切定义，同一个软件有的时候叫工具软件，另外一种场合可能又被叫作平台软件。这里我们根据软件使用以后的受益路径对这两类软件进行一个区分，把使用软件的一线作业层直接受益的软件定义为工具软件，把一线作业层使用以后不直接受益而只能间接受益的软件定义为平台软件，如图 27 所示，图中实线箭头表示直接受益，虚线箭头表示间接受益。

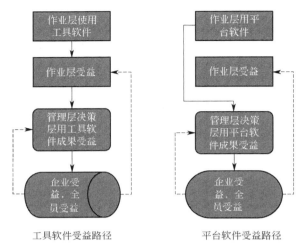

工具软件受益路径　　　　　　　　平台软件受益路径

图 27　使用工具软件和平台软件的受益路径

　　从软件受益路径分析再对照按项目任务类型的技术、商务和管理软件分类，我们可以得出这样一个结论，平台软件一定是管理类软件，但管理类软件不一定是平台软件。事实上这个结论跟绝大多数情况下企业 BIM 应用决策过程讨论的"BIM 平台软件"定义是一致的，前文的澄清有利于避免在决策过程中的混淆和模糊不清。

　　在弄清楚什么是 BIM 平台软件，以及 BIM 平台软件不是解决所有问题的软件而只是企业需要使用到的 BIM 软件之一两个基本概念以后，企业 BIM 应用决策人员不难理解 BIM 平台软件应用效益的实现至少要取决于 BIM 工具软件应用以及基于 BIM 的生产管理方式两个基础，图 28 是我们建议的 BIM 平台软件部署和应用路线。

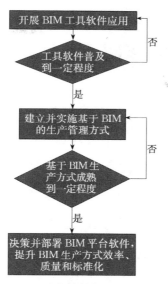

图 28    BIM 平台软件部署和应用路线图

　　对企业 BIM 应用决策过程来说，比选择具备什么功能的 BIM 平台软件更重要的是掌控好企业部署 BIM 平台软件的时机，这跟 BIM 和 ERP 集成的问题非常类似，关键不是要不要集成，而是什么时候去实施这个集成效果会好，具体内容不再展开，需要进一步了解可以参考作者 BIM 博文第 264 篇《现阶段企业该如何看待 BIM 和 ERP 的信息共享问题?》，BIM 平台软件与 BIM 和 ERP 集成类似，在决策部署生产性 BIM 平台软件并能实现预期目标以前，非常有必要对若干目标 BIM 平台软件进行一定程度和范围的探索性或科研性应用。

# 第 19 讲 应该如何评估 BIM 应用效益

BIM 应用效益统计是全行业所有类型企业都十分关心的一个问题，也是一个全球性难题，美国斯坦福大学 CIFE 中心 2008 年发布过一份名为 "Framework & Case Studies Comparing Implementations & Impacts of 3D/4D Modeling Across Projects" 的 BIM 研究报告，这份报告被全球同行广泛引用，图 29 是这份报告的封面：

该报告第 4 页中有这样一段话：

Although we collected the financial data for as many projects as possible, we were not able to determine a pattern between the project cost and the cost (work-hours) of creating 3D/4D models. The main reason is that this kind of information is often confidential and not accessible.

参考译文：虽然我们收集了尽可能多项目的财务数据，但我们没法得出项目成本和创建3D/4D模型成本之间的关系，主要原因是因为这类信息通常是保密和不能接触的。

图 30 斯坦福报告第 4 页摘录（斜体为参考译文）

2013 年英国建筑业议会（Construction Industry Council）发布了一份 "Growth through BIM" 的战略研究报告，封面如图 31 所示。

CENTER FOR INTEGRATED FACILITY ENGINEERING

**Framework & Case Studies
Comparing Implementations & Impacts
of 3D/4D Modeling Across Projects**

By

**Ju Gao & Martin Fischer**

CIFE Technical Report #TR172
MARCH 2008

**STANFORD UNIVERSITY**

图 29　美国斯坦福大学 BIM 应用研究报告封面

图 31　英国建筑业议会"Growth through BIM"报告封面

上述报告第 11 页有这样一段话，如图 32 所示。

也就是说，从 2008 年到 2013 年，全球 BIM 应用效益的统计问题都还没有得到比较好的解决。

除了前面提到的两份研究报告外，McGraw Hill 等其他机构也发布了若干份 BIM 应用市场研究报告，在这些报告中，也看不到对 BIM 应用效益分析有实质性意义的具体数据。

1.11. Government can ensure the maximum growth effect from the introduction of BIM by taking or facilitating others to take a number of actions set out in Section 6. These will:

- complete the remaining parts of the regime needed for successful Level 2 working;
- lead the development of the global foundations for Level 3;
- help UK industry to export more successfully through BIM.

There is no doubt that the policy of mandating BIM use for government work will create economic growth. The scale and speed of the effect is not quantifiable as yet but should become so if monitoring is well done.

参考译文：*毫无疑问，对于政府工程强制 BIM 应用的政策一定会创造经济增长，虽然这种效果的规模和速度目前还无法量化，但如果做好监控应该是可以做到的。*

图 32　英国建筑业议会报告第 11 页摘录（斜体为底灰部分参考译文）

国内这方面的资料就更加缺乏，原因主要来自两个层面：

（1）技术层面：BIM 只是从业人员使用的其中一种建筑业信息技术，需要结合其他技术才能实现工作目标，因此 BIM 对工作目标实现的贡献价值很难单独衡量；

（2）经济层面：BIM 的具体应用方法和效益是企业核心竞争力的构成元素，任何企业都不会倾囊而出。

从上面的资料我们知道，BIM 应用效益评估不仅仅是一个企业和一个国家的难题，而且还是一个全球性难题。

一方面行业层面不容易获取具体的 BIM 应用效益

数据，另一方面 BIM 应用效益又是企业 BIM 应用决策及其随后的实施与评估不可或缺的影响因素，这里我们提供一个简单的 BIM 应用投入产出比计算公式如图 33 所示。

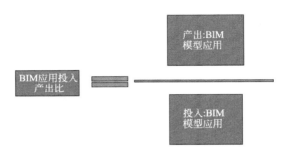

图 33　BIM 应用效益计算公式

其中，BIM 模型生产所需要的成本是 BIM 应用的投入，包括软件、硬件、培训、时间等，而应用生产好的模型所带来的工作质量和效率提高则是 BIM 应用的产出，例如减少图纸错误、加快政府审批、优化项目性能、提高施工可行性、缩短施工周期等，两者比较就能得到 BIM 应用的综合投入产出比。

# 第 20 讲 在所有的争论和研讨过去以后企业最终需要的还是切实的决策和行动

站在今天这个时间点上，BIM 作为一种新的建筑业信息技术对行业技术和管理水平以及生产效率和质量提升的潜在价值已经得到广泛认可，BIM 的信息可视化、信息结构化、信息共享理念以及实现方法和工具也已经具备了一定的基础并得到了相当数量的实际工程证明。

另一方面，BIM 软件功能不完善、人员 BIM 能力不足够、BIM 应用资源没积累、BIM 管理制度不匹配等因素之间互相制约、互为因果又最终一起影响着 BIM 应用投入所带来回报的实现，企业要找到一个风险小、投入产出比好的 BIM 应用决策不是一件容易的事。

可以预见，在未来相当长的时间内有关 BIM 应用不同技术路线和实现方法的探讨甚至争论还会继续，理由很简单，因为至今为止全球工程建设行业都还没有找到一条能够充分实现 BIM 应用目标和价值的明确的路线图，总体上 BIM 还处于研究探索和试验性应用阶段。

但如果站在企业生存和发展的角度看问题，显然不能等到上面这些研讨和争论都尘埃落定以后再来应用BIM，道理不言自明。只不过这样一来，就要求企业决策层和管理层随时根据市场、企业和BIM技术的发展情况及时做出和调整企业BIM应用决策以及根据决策采取切实的行动。

要做出好的企业BIM应用决策有两个方面的困难，一方面如上所述BIM应用本身也还没有完全成熟，存在着各种困难和不确定因素；另一方面，一般而言在企业内部决策和管理层对BIM的了解相对比较少，而对BIM了解相对比较多的作业层对企业运营和管理又缺乏相应的战略和经验，因此这样的决策也不可能完全由企业一线作业层做出。也就是说，事实上大部分企业在BIM应用决策这件事情上是面临不小挑战的。

况且"什么样的BIM应用决策对企业来说是最佳决策"这个问题本身也不存在标准答案，因此企业BIM应用决策层或许可以从另外一个角度着手，即逐一分析和解决那些如果考虑不当一定会影响BIM应用决策水平甚至导致决策失败的关键因素，虽然局部最优之和不一定等于系统最优，但一个尽可能考虑了所有关键影响因素的决策一定会是一个比较合理的决策，这也正是这本小书的出发点。图34列举了企业BIM应用决策过程一定会遇到同时也必须要解决的若干关键问题。

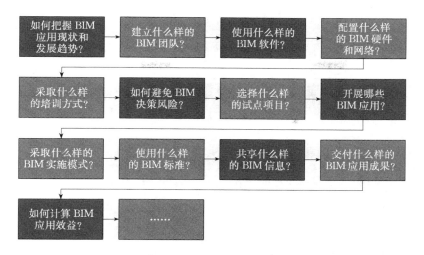

图 34　企业 BIM 应用决策需要关注的问题

　　当然，上面这些问题解决好了未必一定能得到一个理想的企业 BIM 应用决策，但是如果其中的一个或几个问题解决不好或者没有考虑到的话，那么这样的企业 BIM 应用决策就一定会碰到诸如投入大收益小、投入时间长收效慢甚至只有投入没有收益需要重新调整技术路线等一系列情况，从已经过去的十多年的 BIM 应用经验来看，此类现象不在少数。

# 后记 如何认识目前的 BIM 应用现状

对企业 BIM 应用决策人员而言，掌握 BIM 发展应用现状和未来趋势是做出高质量决策的基础。而关于 BIM 应用现状究竟如何这个问题，站在不同的角度和使用不同的口径可能会得到差别很大的答案，况且这件事涉及的因素也比较多，不是几句话能够简单说清楚的。

2016 年初英国国家建筑标准组织（National Building Specification，简称 NBS，网址：https：//www. thenbs. com/）发布了《全球 BIM 报告 2016》，封面如图 35 所示。

图 35 NBS《全球 BIM 报告 2016》封面

该报告前言中 NBS 负责研究、分析和预测的

Adrian Malleson 先生有一段话介绍英国 BIM 应用的现状，如图 36 所示。

## Views from the countries

**Adrian Malleson**
Head of Research,
Analysis and
Forecasting. NBS

theNBS.com

### The UK

With one year left until the UK Government requires the use of BIM on all centrally procured projects, 2015 saw the release of our fifth National BIM Survey.

It was one of the more interesting sets of findings. Previously we saw year-on-year growth in BIM adoption, but this time, shortly before the Government mandate comes into force, we saw a pause in BIM adoption. BIM adoption is moving from being led by innovators and early adopters towards being a more mature market, where the more mainstream are investigating and assessing the benefits of doing so. Time, levels of expertise and cost remain barriers to BIM adoption.

But the direction of travel remains clear: in the UK BIM will increasingly become the norm for the design and maintenance of buildings. It is through the success of BIM in centrally procured projects that we will see - and are seeing - real savings that make the returns on investment in BIM evident to all sectors of the construction industry.

Adopting BIM is more than the adoption of a particular set of technologies, standards and working practices to support an improved process for construction. Through collaborative BIM, data collection, aggregation and interrogation is driving fundamental changes in design practice. This change has the potential to help us deliver, at lower cost, more efficient buildings that better meet client requirements.

图 36　NBS《全球 BIM 报告 2016》前言

图 36 中方框里面的文字翻译如下（供参考）：

一个非常有趣的发现：以前看到 BIM 应用普及程度逐年提高，但在英国政府强制要求快要到来的时候，我们看到 BIM 普及出现了暂时的停顿。BIM 应用正从早期使用者探索尝试到成为一个成熟市场转变，主流市场开始研究和评估 BIM 应用的效益，时间、人员能力、成本仍然是 BIM 应用的障碍。

这段话的背景是英国政府要求从 2016 年 4 月 4 日开始所有中央政府采购项目必须达到"BIM Level 2"水平，即所有专业必须提供经过协调一致的各专业 BIM 模型。而 NBS 从 2010 年开始对英国 BIM 应用情况的调研在前面几年逐年增长以后，2014 年的 BIM 应用样本比例比 2013 年有所下降，2015 年和 2014 年持平。

这段话的中心意思是英国前面几年有一定数量样本的 BIM 应用属于尝试性应用，当 BIM 应用从探索和科研性质的应用到生产性应用进行转变的时候，BIM 应用所需要的时间、人员能力和成本等因素就变成了企业 BIM 应用决策所需要考虑的实实在在的因素，这是导致 2014 年和 2015 年 BIM 应用样本比例下降和停顿的原因。

虽然上面的现象发生在英国，但我们认为这个现象具有普遍性，而且这个从探索性应用到生产性应用的转变所需要的积累也不是短期能完成的，企业 BIM 应用决策需要对这个现象有足够的认识和与之相应的对策。

# 附录 作者策划组织和参与编写的 BIM 图书资料

1. 企业管理层 BIM 读物

（1）《BIM 应用决策指南 20 讲》，2016 年 8 月出版，主编

（2）《如何让 BIM 成为生产力》，2015 年 7 月出版，主编

（3）《那个叫 BIM 的东西究竟是什么》，2011 年 1 月出版，主编

（4）《那个叫 BIM 的东西究竟是什么 2》，2012 年 1 月出版，主编

2. BIM 基本原理

（1）《BIM 总论》，2011 年 4 月出版，主编

（2）《BIM 第一维度——项目不同阶段的 BIM 应用》，2013 年 7 月出版，丛书主编

（3）《BIM 第二维度——项目不同参与方的 BIM 应用》，2011 年 9 月出版，丛书主编

3. 有经验 BIM 应用人员提高读物

（1）《Revit 与 NavisWorks 实用疑难 200 问》，2015 年 5 月出版，丛书主编

（2）《BIM 多软件实操疑难 200 问》，2016 年 11 月出版，丛书主编

4．企业 BIM 标准

（1）《建筑工程设计 BIM 应用指南》，2014 年 10 月出版，副主编

（2）《建筑工程施工 BIM 应用指南》，2014 年 10 月出版，副主编

5．BIM 应用基础教材

《BIM 技术应用基础》，2015 年 10 月出版，策划

6．BIM 博客 http：//blog. sina. com. cn/heguanpei，文章 300 余篇，访问人次 60 多万（2016 年 5 月数据）